Henri Baudrillart



# VIE DE JACQUARD

Elibron Classics
www.elibron.com

Elibron Classics series.



ISBN 0-543-69828-9 (paperback)
ISBN 0-543-69827-0 (hardcover)

This Elibron Classics Replica Edition is an unabridged facsimile of the edition published in 1866 by L. Hachette et C^ie^, Paris.

# VIE

DE

# JACQUARD

IMPRIMERIE L. TOINON ET Cie, A SAINT-GERMAIN.

CONFÉRENCES POPULAIRES
FAITES A L'ASILE IMPÉRIAL DE VINCENNES
SOUS LE PATRONAGE
DE S. M. L'IMPÉRATRICE

# VIE
DE
# JACQUARD

PAR

H. BAUDRILLART
Membre de l'Institut, Professeur au Collége de France
et a l'Association Polytechnique.

PARIS
LIBRAIRIE L. HACHETTE ET C°
BOULEVARD SAINT-GERMAIN, N° 77

1866

# VIE

DE

# JACQUARD

---

Messieurs,

La vie du grand ouvrier que je me propose de vous raconter présente un double intérêt; l'un vient de son dévouement à une idée juste et féconde et des épreuves qu'elle eut à traverser; l'autre tient aux questions économiques et sociales qui s'y rattachent. Ne vous y trompez pas en effet : la vie de Jacquard, ce mécanicien de génie, cet inventeur persécuté, cet auteur modeste, mais puissant, d'une des plus grandes révolutions qui aient été accomplies dans le travail, cette vie, prise par son côté le plus général, c'est la question des machines, se posant sous la forme d'un des épisodes les plus frappants qu'offre l'histoire de l'industrie moderne. Cette question des machines, qui touche par tous les points à la condition des ouvriers, elle va vous apparaître, avec sa grandeur, ses difficultés, sa fécondité bienfaisante, précédée par de pénibles épreuves, dans la destinée touchante de cet ouvrier lyonnais. Ceux qui m'écoutent en tireront plus d'un enseignement; mais rassurez-vous : la leçon n'aura rien qui se sente de l'aridité des démonstrations scientifiques; elle naîtra d'elle même; elle aura pour cadre une biographie dont les ouvriers ont le droit d'être fiers, car il s'agit de la gloire de l'un des leurs. Tous, en voyant se développer ce caractère si digne, ces mœurs si pures, ce courage dans le malheur, cette patience presque sublime dans sa simplicité, pourront prendre exemple sur sa vertu, au moins égale à son génie. Sans cette vertu, Messieurs, les merveilleuses facultés d'inventeur de Jacquard n'auraient jamais réussi à triompher de tant d'obstacles venus des choses et des hommes.

Je viens de faire honneur à la classe ouvrière d'avoir produit Jacquard. Faut-il donc que je lui fasse honte de l'avoir méconnu et persécuté? A Dieu ne plaise que j'éprouve la moindre envie de chercher contre les ouvriers un texte d'accusation dans les malentendus inévitables, que devait faire naître, au commencement de ce siècle, la question alors mal débrouillée des machines? Non, Messieurs, quand les esprits éclairés hésitaient souvent, quand les économistes ne s'entendaient pas toujours entre eux, comment des hommes peu instruits, et qui pouvaient se croire atteints dans leurs moyens d'existence seraient-ils rendus particulièrement responsables? Soyons équitables et d'abord soyons bienveillants dans nos jugements; cela nous aidera à être justes. Il ne s'agit pas d'un reproche, mais d'un avertissement pour l'avenir. Vous pouvez l'accepter sans honte; il vient de l'histoire.

D'où venait, avant 1789, la persécution contre les inventions, machines, procédés nouveaux et contre leurs auteurs? Du régime du monopole dans l'industrie, du privilége. Ce système des corporations d'arts et métiers qui régnait partout, dans toutes les professions, sous toutes les formes, était incompatible avec l'esprit d'invention. L'invention, messieurs, c'était un acte séditieux de l'esprit humain; c'était une révolte contre la sagesse des aïeux qui avait cru tout prévoir en réglant tout. A chaque corporation appartenait la possession exclusive de telle fabrication, de telle vente, de tel procédé, de telle matière, de tel instrument, et cela sous la garantie des pénalités les plus sévères. Malheur au téméraire qui viendra troubler ce bel ordre!

Si l'on a lieu de s'étonner de quelque chose avec un pareil régime, ce n'est pas qu'il y ait eu peu d'inventions, c'est qu'il ait pu s'en produire un certain nombre. C'était par grâce et par tolérance que l'invention se glissait parfois sous la forme d'autorisations royales, empruntant elle-même cette forme du privilége qui lui était si fatal:

Quand Jacquard inventa son fameux métier, tout avait changé de face. En vertu du décret de 1791 rendu par l'Assemblée nationale qui affranchit le travail, plus de corporations, plus d'entraves, liberté pleine et entière laissée à l'industrie et aux inventeurs! La résistance ne pouvant plus venir du privilége désarmé et détruit, d'où viendra-t-elle donc ? Ah! c'est ici qu'on assiste à un spectacle pénible. L'invention ne réclamait que la liberté. Eh bien! c'est la liberté qui la persécute..Cela n'arriva pas habituellement grâce au ciel. Le plus souvent le travail libre fit bon accueil à l'invention ; mais il n'en fut pas toujours ainsi. La liberté avait ses ignorances, ses préventions. C'est de cela, messieurs qu'il faut qu'elle se guérisse, si elle veut être sûre et féconde. On ne se disait pas que la liberté du travail a ses risques. On embrassait, l'espoir dans l'âme, ses chances heureuses, sans imaginer qu'elle pût en avoir de mauvaises, qu'il fallait savoir supporter. On voulait le progrès, mais sans la rançon qui le paye. On voulait les découvertes qui honorent l'esprit humain et servent la société, mais sans ces interruptions, sans ces déplacements dans le travail qui résultent de l'application des procédés nouveaux et des machines nouvelles. De là cette ligue, non plus de maîtres et de bourgeois contre d'autres maîtres et d'autres bourgeois inventeurs, mais d'ouvriers unis contre un ouvrier, leur frère en travail et en misère. Spectacle navrant que celui-là ! Le peuple, se tournant pour ainsi dire contre lui-même, le peuple, au moment où il voit briller l'auréole de l'invention sur le front de l'un des siens, ne trouvant à lui offrir que des menaces de mort !

Mais la lumière se fera. Les ouvriers de Lyon apprendront à voir un bienfaiteur dans celui qu'ils ont persécuté. Suivons cette existence pas à pas. Parlons d'abord du temps qui précède et prépare la découverte. Nous raconterons ensuite comment et au prix de quelles luttes l'invention s'est appliquée. Enfin nous assisterons aux dernières années de Jacquard couronnées d'une honorable aisance, environnées du respect universel, et de l'admiration de son pays, nous pouvons dire de tous les pays où règne et se déploie l'industrie depuis un demi-siècle.

Jacquard vécut quatre-vingt-deux ans. Né à Lyon le 7 juillet 1752, il était, vous le voyez, en pleine maturité sous Louis XVI. Il s'éteignit en 1834 sous le roi Louis-Philippe. C'est, par conséquent, un contemporain, et sa vie m'apparaît comme un trait d'union entre l'ancien régime industriel de la France et le nouveau. Il vit se transformer la classe à laquelle il appartenait. Il entendit retentir le canon en 1831 contre les ouvriers soulevés au nom du socialisme, comme il avait entendu retentir le canon de la Convention contre les ouvriers ennemis du régime de la Terreur. Le souvenir de cet homme excellent est encore vivant dans sa cité natale. Les hommes mûrs se rappellent sa verte vieillesse. Les vieillards racontent comment ils le virent tour à tour l'objet de la haine et celui de l'affection reconnaissante de la ville de Lyon. Où pourrions-nous trouver un sujet mieux approprié et mieux fait pour nous instruire?

## I

Franklin définissait un jour l'homme de la façon suivante : « L'homme est un animal qui fait des outils. »

Définition profondément juste, et qui n'exclut pas bien entendu les autres attributs d'une noble nature.

Définition à laquelle je donnerais volontiers pour pendant celle d'Adam Smith, le célèbre économiste : « L'homme est un être qui fait des échanges. »

Faire des échanges et faire des outils, destinée spéciale de notre espèce, à laquelle ne s'élèvent pas les animaux les plus intelligents, ni les singes, malgré leur instinct d'imitation, ni les castors malgré leur habileté comme constructeurs, ni les éléphants malgré le penchant qui les fait vivre en troupe.

Jacquard, Messieurs, réalisa de bonne

heure, à la lettre, la définition de Franklin.

Tout enfant à quoi s'amuse-t-il ? Il fait des outils. Jeune homme, placé d'abord chez un relieur, puis chez un fondeur de caractères, il combine, il perfectionne, il fait des outils. Il en fait pour les imprimeurs. Il en fait pour les couteliers ; ce fut sa première mésaventure. Un jour, raconte-t-on, qu'il causait avec un coutelier de ses amis, il remarqua qu'une lame de couteau passait par les mains de trois ou quatre ouvriers avant d'être adaptée au manche ; et voici qu'il devient rêveur devant l'établi de l'artisan. — « Que rêves-tu donc ainsi, lui demanda le coutelier. — Tu le verras demain, répondit Jacquard. Le lendemain matin, en effet, il apporta à la boutique de son ami le plan complet d'une machine qui faisait seule en cinq minutes l'ouvrage de quatre ouvriers en un jour. Le coutelier, trop pauvre pour faire exécuter la machine de Jacquard, se contenta de l'admirer et de la garder dans son atelier comme un chef-d'œuvre. Les apprentis la brisèrent à son insu quelques jours après, tremblant que l'invention, en simplifiant tellement le travail, ne supprimât le salaire de milliers d'ouvriers en coutellerie.

C'est ainsi que Jacquard était frappé comme d'un éclair soudain par des idées de perfectionnement. Quoiqu'on ne lui eût pas fait suivre, on ne sait pourquoi, le métier de son père qui était ouvrier en étoffes brochées d'or, d'argent et de soie, et de sa mère qui était liseuse de dessins, il se préoccupa de très-bonne heure de l'art du tissage, il rêva très-jeune au moyen d'y opérer des simplifications ; on peut donc dire de lui qu'il eût été inventeur, à quelque profession qu'il se fût livré, tant l'instinct de la mécanique le poussait et pour ainsi dire le dominait !

Après la mort de sa mère, il revint près de son père et partagea ses humbles travaux. Celui-ci mourut bientôt. Voici le jeune homme maître de lui-même et en possession d'un petit héritage. Il l'employa à monter un atelier d'étoffes façonnées. Mais ne le savez-vous pas ? certaines facultés semblent souvent s'exclure ; son esprit se prêtait peu à diriger un établissement semblable, il échoua et il s'endetta. C'est dans ces conditions qu'il épousa la fille d'un armurier, nommé Boichon. Jacquard aimait cette jeune fille, et il crut aisément le père, lui promettant une dot qui ne vint jamais. Ils ne s'en aimèrent pas moins. Jacquard fut forcé de vendre la petite maison qu'il avait héritée de son père et réduit à la gêne la plus extrême. Sa femme lui rendit courage. Elle avait, quant à elle, une angélique patience et une rare énergie ; elle en donna des preuves dans les malheurs qui allaient suivre : elle consola l'inventeur, elle crut à son étoile. Quelle est touchante, Messieurs, cette influence de la femme dans la classe ouvrière ! Grande dans toutes les classes, depuis que l'influence d'une religion et de mœurs nouvelles a fait de la femme la compagne et non plus l'esclave de l'homme, je ne crois pas qu'elle soit nulle part plus sensible que dans la classe pauvre. On a dit qu'elle s'y exerçait quelquefois en mal. J'ai lu qu'un certain président de cour d'assises, toutes les fois qu'il avait à s'occuper de l'affaire de quelque malheureux criminel, demandait invariablement : « Où est la femme ? » Ce digne magistrat, habitué à n'avoir affaire qu'au mal, ne concevait pas un crime qui n'eût la femme pour instigatrice ou pour complice. Quant à nous, Messieurs, lorsque nous voyons l'ouvrier rangé et ayant une bonne tenue, le foyer respirant un air de propreté, les enfants allant à l'école, le moral de l'homme relevé aux heures de tristesse et d'abattement, assuré que tous ces signes révèlent une main qui se cache, comme le parfum fait deviner la fleur, nous demandons aussi : « Où est la femme? » et jamais ce soupçon ne nous a trompé!

La femme que Jacquard avait su si bien choisir partagea courageusement ses travaux, accepta sa misère, empêcha son courage de défaillir; elle crut en lui! Ainsi fut épargnée, Messieurs, au pauvre et persévérant ouvrier, cette épreuve suprême de l'inventeur, de se voir méconnu au foyer domestique, et de passer aux yeux des siens pour un oisif qui perd son temps en funestes rêveries. Dure épreuve, qu'avait connue Bernard Palissy, et qui fut, lui-même le raconte, la plus amère parmi tant d'autres!

La triste nécessité qui s'exprime par ces mots : *Il faut vivre*, subsiste pour l'inventeur, et non-seulement il faut qu'il vive, mais qu'il fasse vivre les siens. Cruelle nécessité, en effet, pour celui dont le cerveau porte quelque découverte qui exige des combinaisons persistantes, des essais cent fois avortés ou imparfaits, mais nécessité inévitable et devoir sacré! Il n'y a pas, Messieurs, il n'y a pas de génie qui dispense du devoir envers la famille, cette première de toutes les responsabilités. L'exemple de Jacquard est la leçon des vrais inventeurs, et des faux inventeurs encore plus. Combien il en est qui, à la première lueur d'une conception et d'une idée, laissent tomber leurs mains découragées sur leur tâche quotidienne et prennent en dédain le métier qui est leur gagne-pain! Jacquard ne se fit pas de son génie, dont il n'était pas enorgueilli, un prétexte et une occasion de paresse. Et j'irais sympathiser avec des hommes, fiers d'un génie qu'ils n'ont pas, et qui laissent ou font souffrir leur famille! Ce que fit cet inventeur, tout esclave qu'il était d'une pensée qui devait se transformer et mûrir lentement, vous allez le voir. La fabrique de la soie, industrie de luxe, n'allant plus à cette époque de révolution, il se mit au service d'un fabricant de chaux de la Bresse, dans les montagnes du Bugey, et gagna péniblement sa vie en chauffant le four de ce fabricant, tandis que sa femme restait à Lyon pour faire valoir une petite fabrique de chapeaux de paille.

Je touche ici à une des périodes les plus pénibles de cette existence si longtemps éprouvée avant d'avoir trouvé le repos. Nous sommes en 1793. La révolution, d'abord entreprise au nom de la régénération de la société et de l'affranchissement, est devenue une tyrannie exercée par la capitale, soumise elle-même à une minorité dominatrice. Les caractères les plus purs sont suspects, les

Girondins eux-mêmes, malgré leur dévouement à la révolution, sont traînés à la mort. Lyon, comme Caen, comme tant d'autres villes importantes, murmure et s'indigne. Jacquard fit comme Lyon. Il avait embrassé avec enthousiasme les principes généreux de la grande révolution qui se plaçait sous l'égide de la liberté et de l'égalité civile, et qui s'inaugurait par la réforme de tant d'abus oppressifs dans le travail. Mais c'était un homme dont les sentiments et les mœurs tenaient au passé; sa foi religieuse était simple, naïve, toute de sentiment. Il quitta la montagne pour aller rejoindre ses frères; il prit part à la lutte, lutte héroïque, qui se soutint pendant environ soixante jours contre la famine et contre l'armée de la Convention, formée de cinquante mille soldats aguerris. Des deux côtés, quoique sous des costumes différents, ici sous l'habit du soldat, là sous la blouse du travailleur, de braves ouvriers de la campagne et des villes, croyant combattre également pour la bonne cause, tous dévoués certainement aux grandes idées de liberté honnête et d'égalité juste, et pour tant aux prises les uns avec les autres et se renvoyant la mort sans pitié ! Ah ! qu'une telle vue, citoyens de toutes professions, et placés à tous les degrés de la fortune, nous rappelle à ces sentiments de mutuelle tolérance pour la diversité des opinions, seul moyen de conjurer et de prévenir les guerres civiles ! Malheur à nous, après de telles expériences, si nous prenons l'habitude de regarder comme des pervers dignes de tout châtiment ceux qui ne pensent pas comme nous ! L'histoire a fait la part, dans les grands partis qui divisaient alors la France, des intentions honnêtes, de la sincérité et du dévouement. Elle en a trouvé chez tous. Élevons-nous jusqu'à cette impartialité de l'histoire, à force de nous faire un esprit large et un cœur bienveillant. Rapprochons-nous du moins de cette équité par la tolérance ; échappons à ces haines coupables, qui arment les mains des partis en des heures de fureur à jamais regrettées. Ces haines, voilà les vrais objets des sévérités de l'histoire, au jour où elle rend ses arrêts définitifs. Elle les a rendus aujourd'hui. Les plus cléments, les plus généreux, furent aussi ceux qui étaient le plus dans la vérité politique. La violence sanguinaire eut tort même devant la raison d'état. Voilà ce que dit l'histoire. Inclinons-nous devant elle, inclinons-nous !

Lyon, Messieurs, fut vaincu par la France. Bientôt parut le fameux décret portant la destruction de Lyon, et ordonnant que sur ses ruines on éleverait une colonne avec cette inscription : « Lyon fit la guerre à la liberté, Lyon fut détruit. « Un tribunal révolutionnaire fut installé dans *Commune-Affranchie* par des députés de la Convention nationale. La sape et le feu détruisirent nombre de maisons et d'édifices. La place des Terreaux vit chaque jour, à des heures marquées, s'installer la guillotine. Sur la rive gauche du Rhône, les promenades des Brotteaux furent témoins d'un spectacle encore plus affreux. Plus de deux cents citoyens enchaînés y furent conduits tous à la fois, pour y être frappés de mort à coups de canons chargés à mitraille; l'on entendit les cris et les gémissements des victimes qui n'avaient été que mutilées par cet horrible carnage. Jacquard dénoncé se cacha. Son asile n'était connu que de son fils, âgé de dix-sept ans. Le jeune homme fut secrètement informé que l'on avait découvert l'asile de son père, et qu'il devait être arrêté le lendemain. Il court au bureau des enrôlements militaires et demande deux feuilles de route, l'une pour lui et l'autre, dit-il, pour un de ses camarades, afin de rejoindre un régiment en marche sur Toulon. Dans la nuit il se rend auprès de son père : « Partons sans délai, lui dit-il, on a découvert ta retraite. Je viens de m'enrôler et de t'enrôler aussi : voilà les deux feuilles de route, allons rejoindre le régiment en marche sur Toulon. » Il était temps, car le lendemain, à l'aube du jour, on pénétrait dans la retraite de Jacquard. Le père et le fils rejoignirent avec le bataillon de Rhône-et-Loire l'armée du Rhin.

On a dit que Jacquard, naguère insurgé

contre la Convention, changeait ainsi de drapeau. Non, Messieurs, car il combattait à la frontière, il combattait sous le drapeau de la France, et, pour lui, la révolution ne se confondait pas avec la Terreur. Il se montra, au reste, plein de résolution et d'héroïsme. C'était un assez vigoureux soldat, la figure énergique, le teint hâve, un peu courbé déjà dans sa haute taille, soit habitude naturelle, soit attitude de la réflexion qui se penche sur son œuvre. Sur ses portraits, souvent reproduits avec la soie et à l'aide de son propre métier, vous remarquerez encore l'œil méditatif du chercheur et ces longs cheveux flottants qui, blanchis, donnaient à la tête du vieillard une sorte de dignité. Il était de la race de ceux qu'on respecte.

A peine arrivé à l'armée, on le nomma membre du conseil de discipline. Il avait, en cette qualité, la surveillance d'un certain nombre de disciplinaires prisonniers dans un petit village près de Haguenau. Tout à coup on entend le canon : « Camarades!

s'écrie-t-il, qui m'aime me suive. Je pro mets rémission à ceux qui iront demander des fusils pour se battre ! » Quelques instants après, le fils de Jacquard, ce fils unique, hélas ! tombait mortellement frappé et expirait dans ses bras. Le père, désespéré et malade, après avoir quelque temps langui dans les hôpitaux, retournait à Lyon. Il n'y retrouvait plus sa maison ; elle était devenue, comme d'autres, la proie des flammes. Il ne parvint qu'à grand peine à rejoindre sa femme. Il ne lui avait pas été possible de faire connaître à cette compagne de toutes ses épreuves sa fuite soudaine et le lieu de sa retraite, et il la retrouvait dans un grenier, occupée à tendre le linge des blanchisseuses, ayant auprès d'elle une généreuse fille qui s'était dévouée à son service et qui, depuis, n'a pas quitté la maison de Jacquard, dont elle a recueilli le dernier soupir. Ils touchaient heureusement au moment d'une réunion durable, et bientôt au terme de leur affreuse misère. L'industrie de la soie se ranimait avec le calme à l'intérieur, et elle allait prendre avec Jacquard un nouvel éclat. Il était temps en vérité! Jacquard approchait de cinquante ans. Cet âge inaugure, pour plus d'un, le commencement du repos; il n'allait être pour lui que la pleine maturité de son génie mécanique, et le moment critique d'épreuves d'un nouveau genre qui devaient l'atteindre, non plus dans sa famille, non plus dans son corps, mis à l'abri du besoin, mais dans sa sécurité compromise, dans son invention calomniée, et dans ses intentions philanthropiques indignement travesties. Nouveau spectacle qui va se dérouler devant nous et où l'économie politique nous réserve ses leçons.

## II

L'idée qu'avait conçue Jacquard, et qu'il ne réalisa que par une série de tâtonnements, cette idée qui, examinée dans les combinaisons qu'elle met en œuvre, paraît un très-grand effort du génie mécanique, consistait à supprimer l'ouvrière ou l'enfant qui, dans le tissage de la soie, tirait ce qu'on appelait les *lacs* ou lacets attachés à des cordes nommées samples. Elle remplaçait par un système d'aiguilles et de crochets ce travail qui exigeait une fatigue extrême, et qui causait au fabricant un surcroît de frais, que la nouvelle invention devait réduire de moitié. Elle supprimait aussi toute une série de liseuses de dessins. Une occasion solennelle de produire son essai de mécanisme se présenta à l'inventeur. En septembre 1801, eut lieu l'exposition des produits de l'Industrie nationale. Cette exposition ouvrait pour la seconde fois depuis la révolution, la série de ces expositions nationales d'abord, universelles ensuite, appelées, vous le savez, à de si brillantes destinées, et où, grâce au concours du capital et du travail, du génie et de la main d'œuvre brille au premier rang notre patrie. C'est cette exposition qu'un généreux Anglais ami de la

France, le grand orateur Fox, visitait avec une admiration qui témoignait de nos progrès accomplis. En ce moment le traité d'Amiens semblait, d'une façon bien trompeuse, le signal d'une paix définitive avec l'Angleterre et avec le monde. Le travail se réjouissait. L'industrie respirait. Même à travers les guerres, elle réalisa d'étonnants perfectionnements. Le métier de Jacquard obtint du jury une médaille de bronze, et un brevet d'invention pour dix ans fut accordé à l'inventeur. Presqu'en même temps l'invention d'une machine propre à fabriquer les filets pour la grande pêche maritime, machine qui avait été mise au concours à Paris et à Londres, lui valut une grande médaille d'or. Elle lui aurait, affirme-t-on, assuré la fortune, s'il n'avait mieux aimé s'occuper (les inventeurs sont ainsi faits, Messieurs) des inventions à faire qu'exploiter celles qu'il avait réalisées. A Lyon, il fit monter sa machine, qu'il appelait la *tireuse de lacs*, parce qu'elle faisait elle-même le tirage des lacs, auparavant effectué par la main humaine. On commençait à parler beaucoup de ce curieux mécanisme. Aussi notre modeste et bon Jacquard reçut un grand honneur. La *Consulte*, réunie à Lyon, en 1802, pour l'élection du président de la république Cisalpine, alla visiter la nouvelle machine dans l'humble demeure de l'inventeur, rue de la Pécherie, avec le ministre de l'intérieur, l'illustre Carnot. C'est ce même ministre qui, ayant mal compris le mécanisme, cela arrive aux plus grands hommes, disait quelque temps après à Jacquard, qui se trouvait à Paris : « C'est donc toi qui prétend réussir à une chose qu'il n'appartient pas aux hommes de faire, c'est-à-dire un nœud avec un fil tendu ! » Jacquard, sans se déconcerter, répondit avec le calme et la simplicité qui lui étaient habituels ; il expliqua clairement son mécanisme et laissa le ministre parfaitement édifié.

Envoyé à Paris par le préfet du Rhône, qui avait saisi toute l'importance de l'invention, Jacquard fut installé au Conservatoire des Arts et Métiers, où il fut employé environ deux ans à restaurer et à mettre en état les machines et les modèles. Quelle joie pour un homme qui avait mis, comme nous disons aujourd'hui, toute sa poésie et tous ses rêves dans la mécanique ! Le voilà au centre des savantes inventions. Mais il n'était pas homme à se borner à cette tâche de restauration qui exigeait pourtant un esprit très-appliqué et très-ingénieux. Au bout de quelques mois, le voici qui invente. Il invente les métiers tisseurs pour fabriquer les rubans de velours à double face; il en invente d'autres pour des tissus de coton à double et à triple navettes. Il fait encore d'autres menues inventions ; il s'applique enfin à monter le fameux métier de Vaucanson, qui aurait pu remplir le but qu'il se proposait, mais plus imparfaitement, plus coûteusement. Vaucanson ! c'est un grand nom que je prononce! On a pu rattacher Jacquard à Vaucanson, ce savant d'un génie supérieur au sien, d'un génie merveilleusement fécond et original. C'est lui, c'est ce Vaucanson si célébré au commencement du siècle, qui poussa si loin l'art de créer des automates. C'est Vaucanson qui étonna ses contemporains par le flûteur automate, exprimant, d'une manière parfaite, tous les mouvements d'un joueur de flûte, et jouant tous les airs variés d'une harmonie imitant les plus beaux sons de cet instrument; c'est lui qui fit un autre automate jouant tout à la fois du galoubet et du tambourin, puis un joueur d'échecs; enfin, ces fameux canards qui barbotaient, allaient chercher le grain, le saisissaient dans l'auge et l'avalaient; ce grain éprouvait dans leur estomac une espèce de trituration et passait dans les intestins, comme dans la digestion animale. Ce fut l'honneur de Jacquard de continuer, lui ignorant les éléments des sciences physiques et mathématiques, les inventions mécaniques de praticiens aussi instruits que Falcon et La Salle, et d'un savant de premier ordre comme Vaucanson. Bientôt appelé devant une réunion de toutes les notabilités du Conservatoire, il fit la démonstration de son nouveau procédé, qui parut susceptible d'application au moyen de divers perfectionnements qu'il exécuta en partie, et auquel il devait donner la dernière main quand son mécanisme eut commencé à fonctionner dans les fabriques.

Enfin le voici de retour à Lyon en 1804; il s'occupe de faire adopter son métier par les fabricants. Heureux l'inventeur qui trouve un capitaliste à l'esprit ouvert, hardi, au caractère droit et bienveillant, pour l'aider et travailler à son succès! Jacquard eut du moins cette bonne fortune. Il rencontra cet honnête homme dans M. Camille Pernon, dont le nom mérite d'être conservé. M. Pernon mit Jacquard en rapport avec la chambre de commerce et le conseil municipal. Une commission composée des plus habiles fabricants, fut chargée de reconnaître les avantages du savant mécanisme, et son témoignage fut unanimement favorable; enfin survint un acte qui acheva de donner de l'éclat à la découverte. Un décret impérial daté de Berlin, le 27 octobre 1806, autorisa l'administration municipale de Lyon à acheter de Jacquard le privilége de son procédé, moyennant une rente viagère de trois mille francs, reversible par moitié sur la tête de sa femme en cas de survivance ; son brevet tomba ainsi dans le domaine public.

Vous le voyez, Messieurs, Jacquard échangea ce privilége d'une découverte qui lui avait coûté quinze ans de travail et de misère contre un morceau de pain. Il demandait seulement au gouvernement qu'il lui fût accordé une prime de cinquante francs pour chaque métier de son invention. Napoléon, en signant le décret qui assurait ce droit au modeste fabricant, s'écria, lui habitué à d'autres exigences : « *En voilà un qui se contente de peu!* » Ce peu devait être pourtant une assez grande aisance pour cet homme simple qui garda toute sa vie la modestie des goûts de l'ouvrier.

Nous voici, Messieurs, arrivés au moment des grandes épreuves de Jacquard, comme inventeur. On comprend la consternation que la mise en œuvre d'un procédé qui condamnait à l'inaction une notable partie des personnes employées à la fabrication des étoffes façonnées, dut jeter dans la classe ouvrière. Contre de pareilles crises, l'économie politique indique divers moyens, sinon pour les conjurer, du moins pour les adoucir; il y a les fonds de l'épargne; il y a l'assistance, remède extrême; il y a des travaux publics; il y a chez l'ouvrier l'instruction, une instruction assez variée pour qu'il puisse changer d'occupation. Malheureusement ces remèdes ne se rencontrent pas toujours. A Lyon, ils manquaient tous ou presque tous. On ne songeait pas non plus que le métier à la Jacquard étant cher, ne devait se répandre que peu à peu, ce qui eût ménagé naturellement la transition. Circonstance plus fréquente qu'on ne le dit, et qui, en général, atténue les crises de machines. Sans doute les souffrances étaient réelles, mais bien plus vives encore furent les alarmes. La rumeur devint universelle. Un cri terrible d'accusation sortit du sein de la masse ouvrière; c'était un traître, un faux frère; il vendait l'ouvrier au fabricant, il vendait le fabricant lui-même à l'étranger. Délire de la haine qui ne recule pas devant l'invraisemblance Le pauvre Jacquard vendu à l'étranger ! A quoi lui servait-il de n'avoir pas songé un moment au gain en inventant ? A quoi lui servait-il de s'être montré si peu exigeant sur le prix de sa découverte ? A quoi servait-il que son désintéressement, mêlé d'une délicatesse patriotique, l'empêchât un peu plus tard de porter à l'Angleterre cette même invention qu'elle offrait de lui payer au prix de l'or, car l'Angleterre traite magnifiquement les inventeurs : elle leur donne parfois des millions quand nous donnons. nous. à peine quelques milliers de Plusieurs ouvriers rendant Jacquard responsable des pertes qui étaient résultées pour eux de ce qu'ils n'avaient pas su mettre en œuvre son métier, le traduisirent devant le conseil des prud'hommes.

Vous dirai-je qu'il fut publiquement insulté, qu'il eut plusieurs fois à essuyer des mauvais traitements, qu'il subit tous les excès de la brutalité? Un jour même, près de la porte Saint-Clair, il ne fallut pas moins que l'intervention énergique de quelques hommes courageux pour l'arracher des mains d'un groupe de furieux qui, l'ayant traîné jusqu'au bord du Rhône, étaient au moment de le précipiter dans le fleuve.

Tout autre aurait quitté, emportant son invention comme un trésor, ce théâtre d'avanies et de périls. Jacquard y resta, il y resta, environné de haines qui semblaient devoir ne pas s'éteindre. Il attendait le retour de la justice, il attendait l'heure de la reconnaissance. Cette heure, pensait-il, ne pouvait tarder à sonner pour lui. Il ne se trompait pas, Messieurs. La période pénible de l'application des machines, celle de l'interruption momentanée du travail, vient de passer sous nos yeux au prix de l'impopularité de l'inventeur. Voici venir pour les ouvriers dans un délai assez bref, voici venir pour Jacquard lui-même, les phases bienfaisantes et durables de cette même application. Nous voilà, Messieurs, parvenus au cœur même de la question que soulève la biographie du grand ouvrier lyonnais Arrêtons-nous-y un instant.

## III

Messieurs, l'économie politique, cette science, qui se préoccupe du bien du peuple, cette science qui a peut-être produit ses meilleurs amis, ceux qui servent et ne flattent pas, reconnaît trois avantages principaux pour la classe ouvrière dans l'application des machines : avantages tels qu'avant d'avoir l'idée, je ne dis pas de briser une machine, mais de la maudire, ils doivent être constamment présents sous ses yeux, avantages que présentait, nous allons le voir, le mécanisme de Jacquard.

Le premier avantage des machines c'est qu'elles créent l'abondance et le bon marché.

Je ne veux pas dire que cette abondance

et ce bon marché soient tels que nous ayons les choses utiles à profusion. Hélas! non. Ce n'est pas devant des ouvriers, qui ont tous eu à souffrir de la gêne, que je viendrais tenir un langage qui paraîtrait à la fois faux et blessant. Mais j'affirme que, sans les machines, la misère serait générale, et que là où elle se fait sentir, elle serait, sans ces puissants instruments de production, infiniment plus profonde. L'homme réduit à ses mains ne produirait presque rien, c'est-à-dire que tout serait rare et cher. Tous ces milliers de mains auraient beau être occupées du matin au soir, tous ces milliers de créatures humaines auraient beau être courbées sur leur tâche matérielle, elles ne créeraient jamais que l'alimentation, le vêtement, le logement tout au plus suffisants pour une population extrêmement rare. Ou plutôt cette hypothèse même est absurde, car on ne fait rien sans outils, et les outils ne sont que des machines au premier degré. Voyez ces populations asiatiques et africaines qui n'ont que peu de machines. Rien n'égale leur misère, misère sans adoucissement et sans terme qu'on puisse seulement entrevoir. Est-ce donc cela que l'on envie?

Cette abondance plus grande des choses utiles à la vie, cette abondance dont la réalité se démontre, toute insuffisante qu'elle est, par le rapport accru des moyens d'existence donnés à la population depuis un siècle, pourriez-vous la nier, Messieurs, en ce qui concerne la classe ouvrière, malgré tout ce qui lui manque? N'est-ce pas à la mécanique que vous devez l'usage du linge, jadis luxe aristocratique, en y comprenant les chemises, si longtemps privilége des gens aisés; et les mouchoirs, dont les seigneurs de cour des Valois se passaient, je dois l'avouer? N'est-ce pas à elle que vous devez les bas dont la majorité des habitants de la France ignorait l'usage il y a moins d'un siècle? N'est-ce pas à elle que vous devez le bon marché, relatif aussi, du pain, grâce aux progrès de la mouture, progrès tel que la quantité de grains qui, durant le XVI<sup>e</sup> siècle ne rendait que 100 livres de farine, en rend aujourd'hui au delà de 190? Que dire de la révolution opérée dans le vêtement depuis moins d'un siècle! Combien plus nombreux sont aujourd'hui les ouvriers convenablement vêtus! Si le changement est sensible chez les hommes, il l'est plus encore chez les femmes, qui autrefois conservaient éternelle ment la même robe noire, salie et tombant en haillons. Grande chose, Messieurs, que cet usage devenu plus général d'un vêtement propre et décent. C'est l'égalité devenue visible. C'est le sentiment de la dignité se communiquant pour ainsi dire de l'extérieur à l'intérieur. C'est plus qu'une révolution matérielle, Messieurs, c'est une révolution morale!

Mais les machines, dit-on, diminuent la main-d'œuvre. Eh! où irait-on avec cette objection? Savez-vous ce que disait à ce sujet un ouvrier anglais consulté dans une enquête? Il répondait avec une précision pittoresque, comme l'est souvent le langage populaire : « Les machines c'est tout ce qui, en sus des dents et des ongles, contribue à la production. » Est-ce que les outils ne diminuent pas la main-d'œuvre? attaquerez-vous les outils? attaquerez-vous tous les procédés de production, toutes les méthodes expéditives qui ont aussi pour objet, — car c'est là la vraie formule des machines — de produire plus et mieux avec moins d'efforts humains, et toutes les simplifications qui ont le même effet, la division du travail, l'échange, la monnaie, tous ces moyens abréviatifs, qui épargnent du temps et de la peine, enfin jusqu'à l'emploi des animaux, qui sont des machines vivantes, pour laisser la place au transport à dos d'hommes qui s'effectue encore dans certains pays, ce qui est le triomphe du travail humain, direct et personnel? Vous vous récriez que cela est absurde; l'est-ce beaucoup plus que la proscription des machines nouvelles? Est-ce parce qu'elles sont plus parfaites qu'on doit les proscrire? La raison serait bizarre. A ce compte il aurait fallu proscrire la charrue remplaçant la bêche, car la charrue est plus parfaite. Amis du progrès, où sommes-nous conduits?

Les agents naturels, tels que la vapeur, n'ont pas seulement cet avantage sur la force humaine ou animale d'être beaucoup plus *puissants*. Ils possèdent cet autre avantage, qui vous expliquera le bon marché dont je parle, c'est d'être gratuits ou peu coûteux. Il faut nourrir les chevaux, on ne nourrit pas les chevaux de vapeur. On les alimente, dites-vous, avec du charbon. Soit, mais le charbon qu'on donne à ces travailleurs, qui ne se fatiguent jamais, coûte beaucoup moins cher que le foin et l'avoine. Appliquez ce raisonnement partout où l'agent physique remplace la force vivante.

Et maintenant est-il vrai que les machines diminuent la main-d'œuvre, comme on l'a dit, et qu'utiles à l'ouvrier comme consommateur, elles lui nuisent comme producteur? Non, Messieurs, et j'arrive au second avantage, que l'économie politique reconnaît aux machines dans leurs rapports avec les classes ouvrières.

Le second avantage des machines au point de vue de la classe ouvrière, messieurs, c'est qu'elles lui créent plus de travail et de salaires.

Le consommateur apprécie vivement les mérites du bon marché. Il achète davantage dans des proportions souvent incroyables : de là nouvel essor de la production. Voilà la série d'ouvriers évincée un moment, et qui rarement l'a été d'une manière complète, voilà cette série qui rentre à l'atelier avec plus de travail et avec une rémunération d'autant plus élevée que la demande s'est accrue davantage. C'est ainsi que les choses se passent dans l'immense majorité des cas. On en a cité d'illustres exemples. Oui, Messieurs, on a cité l'imprimerie elle-même, cette grande découverte des temps modernes, qui semble avoir supprimé le temps comme la vapeur a supprimé l'espace; car l'imprimerie, ce n'est pas seulement un appareil qui grave des caractères avec l'encre sur une feuille de papier fugitive, c'est un mécanisme qui conserve, transmet, fait circuler la pensée, rendue pour ainsi dire à l'universalité de sa nature, à des milliers et à des millions d'exemplaires, et qui perpétue l'écriture, comme l'écriture avait semblé elle-même perpétuer la parole! L'imprimerie, instrument qu'on dit puissant et qui l'est en effet pour l'erreur et pour le mal, mais mille fois plus fécond pour la vérité et pour le bien, comme toutes les grandes puissances sorties de la main de Dieu ou de la main de l'homme; instrument, Messieurs, que nous, nations européennes, que nous, nation française, nous devons bénir de toute notre âme comme on bénit le soleil qui vivifie tout, quoiqu'il lui arrive quelquefois aussi de brûler; comme on bénit l'eau du fleuve qui va partout porter la fécondité, quoiqu'elle se change quelquefois en torrent qui dévaste. Eh bien! en nous renfermant dans cette question du travail manuel, comparez au nombre des copistes occupés par la reproduction des manuscrits le nombre immense des compositeurs typographes, et de tous les travailleurs qui par la gravure, la reliure, et d'autres arts accessoires, se rattachent à l'imprimerie comme à un tronc commun ; vous vous con vaincrez que l'imprimerie est une source en quelque sorte intarissable de travail et de salaires, et que Guttemberg, ce bienfaiteur de la civilisation, dotée par lui de son organe le plus universel, l'a été directement aussi du travail, de ce travail qui indépendamment même de ses emplois dans l'art typographique, ne saurait être trop enveloppé par les idées et par la science, laquelle contribue à ses progrès ; car si le travail manuel a, pour ainsi dire, les pieds profondément enracinés dans le sol, ne l'oubliez pas, travailleurs, il a la tête dans la lumière !

On a cité de même les chemins de fer. Ah ! quand même il aurait été vrai que les chemins de fer eussent dû, comme on le prédisait hautement, porter une perturbation assez profonde dans le capital et dans le travail, appliqués à l'industrie du voiturage qui emploie les chevaux, quand ils eussent dû forcer une partie de ces capitalistes et de ces travailleurs à chercher d'autres occupations, je n'en croirais pas moins qu'il y aurait eu crime envers l'humanité et la civilisation à vouloir arrêter l'essor des chemins de fer. Où en serions-nous si, pour éviter quelques dérangements, pénibles sans doute, surtout quand ils touchent au pauvre, il fallait mettre l'interdit sur toutes les découvertes fécondes qui n'ont d'autres limites que l'étendue et la durée de cette terre, et dont profiteront les générations de l'avenir en nombre infini ? Il y a cent raisons de glorifier à jamais les chemins de fer, ces puissantes machines, car ce sont des machines aussi, vous le savez. Que produisent-elles? La première des forces et des richesses humaines, puisque, sans elle nulle richesse ne serait : le mouvement. Elles l'appliquent au transport des choses et des hommes avec une rapidité voisine du merveilleux. Ont-elles donc nui au travail, comme on le disait? Non, Messieurs ! Le seul embarras que j'éprouve, en vérité, c'est de trouver quel service elles ne lui rendent pas. S'agit-il du personnel employé? Les chemins de fer occupent un nombre d'hommes considérable et sont une source sans cesse renaissante de salaires. Ont-ils dépossédé ceux qui avaient leur place marquée antérieurement dans les diverses entreprises de voiturage? Cela est arrivé rarement, et la masse des chevaux et des hommes employés par l'industrie des transports a fort augmenté, nul ne l'ignore et ne le conteste aujourd'hui. Les aubergistes n'ont nulle envie de se plaindre, les hôtels sont remplis de voyageurs, les voitures qui desservent les localités se sont partout multipliées. S'agit-il de l'activité imprimée à l'industrie en général? Quel plus puissant stimulant que ce véhicule qui rapproche les produits du lieu de consommation et ouvre partout des débouchés? S'agit-il enfin de la consommation des denrées agricoles ou manufacturées par les masses populaires? Le chemin de fer semble niveler les climats en mettant à la portée d'un grand nombre d'hommes des produits exotiques autrefois inconnus; il tire de chaque pays ce qu'il peut fournir au meilleur marché; il diminue enfin le prix des choses par la réduction des frais de transport, et augmente ainsi le nombre des consommateurs. Mais sans parler de tant d'avantages de l'ordre intellectuel et moral, c'est particulièrement au point de vue même de ces crises du travail, occasionnées par les machines ou par d'autres causes, que je veux les recommander en ce moment. On a comparé souvent le travail réparti dans les diverses localités, qui présente, ici des engorgements, ailleurs des lacunes, et qui cependant tend à se niveler, au liquide qui tend, lui aussi, à prendre son niveau. Comparaison admirable, mais qui ne sera complétement juste que le jour où le travail aura acquis la mobilité de ce liquide auquel on l'assimile. Il faut que le travail puisse se déplacer pour aller chercher les salaires, pour combler les vides, pour dégager le trop plein. Cette facilité de déplacement, Messieurs, les chemins de fer l'ont déjà donnée en partie aux ouvriers qui ne sont plus au même degré qu'autrefois cantonnés dans une même ville et ils la lui donneront plus encore avec le temps. Ainsi seront adoucies les crises des machines ; ainsi le travail et le capital seront de plus en plus rapprochés et mis facilement en contact ; ainsi s'opérera avec moins d'efforts pénibles et de chocs douloureux l'équilibre de la production. La publicité qui fait mieux qu'autrefois savoir à l'ouvrier que le travail manque, le chemin de fer qui l'y conduit rapidement, l'instruction spéciale et professionnelle, plus complète, qui permet au travailleur déplacé de se jeter dans les industries latérales, voilà, Messieurs, sans compter d'autres moyens accessoires, et surtout sans oublier les ressources importantes que peuvent fournir l'épargne et l'association, voilà les vrais remèdes aux crises de machines. Bénissez donc encore une fois les chemins de fer, ces prétendus perturbateurs du travail, qui en sont devenus les promoteurs les plus actifs et les sources les plus fécondes ; les chemins de fer qui devaient, selon la parole de quelques faux prophètes, n'être que le luxe coûteux et commode de quelques riches, et qui sont au contraire l'instrument le plus universel du voyage mis à la portée du plus grand nombre. La mer, la nature, le ciel, les grands spectacles de l'art, les expositions de l'industrie ne sont plus le privilége exclusif de quelques-uns; le peuple y a sa part! Dieu soit loué!

On peut se dispenser de multiplier de tels exemples, mais comment ne pas rappeler en passant celui de la filature qui a eu tant de retentissement de nos jours? Ne le savez-vous pas, Messieurs; lorsque la vapeur vint s'appliquer à la filature, le travail se crut perdu. Il subit en effet de pénibles épreuves. Réduit déjà à un minimum misérable de salaire qui le classait presque dans le paupérisme, le travail du tisserand à la main succomba presque aussitôt. Mais, quelle éclatante revanche! Vous seriez confondus d'étonnement et d'admiration, si je pouvais vous montrer en détail jusqu'à quel point le travail a augmenté dans la filature et dans quelle proportion les salaires s'y sont accrus. Qu'il me suffise de vous dire que le nombre des ouvriers et ouvrières employés dans la filature de coton en Angleterre, en 1769, atteignait à peine 10,000; qu'après les applications de la vapeur, en 1787, il s'élevait à 350,000, qu'il était de 500,000 en 1833, et de 800,000 en comprenant les industries latérales; que si l'on y comprend les industries accessoires, on trouve que l'industrie de coton fait vivre environ deux millions d'hommes dont le salaire de 1 franc, qu'il était en 1769, est environ monté à 3 fr. 50 c. On a donné une idée pour ainsi dire miraculeuse rien que de la quantité de coton annuellement exportée par l'Angleterre, en calculant que c'est une longueur de mètres de 1,386 millions qui suffirait à faire trente-cinq fois le tour du globe terrestre. Qu'en dites-vous?

Mais, objecte-t-on, quand tous les cadres de l'industrie et du travail seront remplis, que deviendra l'ouvrier? Permettez-moi, répondrai-je, de ne pas prévoir d'aussi loin. Est-ce qu'il y a des limites à l'industrie de l'homme? Est-ce que le globe est tant s'en faut exploité par notre espèce, à qui une parole divine a dit : « Croissez et multipliez, et remplissez la terre! » Je l'attends avec foi, la réalisation de cette grande parole. Est-ce que, après un besoin satisfait, (et y a-t-il des besoins jusqu'ici qui le soient suffisamment dans la masse?) un nouveau besoin ne naît pas, sans qu'on atteigne pour cela, quoi qu'on en ait dit, aux raffinements de la corruption? Est-on corrompu par ce qu'on ne se contente plus de la diligence? Et qui donc prévoyait, il y a vingt-cinq ans, une industrie toute nouvelle qui fait vivre des milliers de personnes, cette photographie, qui vous permet, ouvriers d'aujourd'hui, d'avoir à un prix accessible l'image des personnes chères, absentes, ou qui ne sont plus?

Le troisième avantage enfin que présentent les machines pour les ouvriers, vous touchera plus encore peut-être. Elles adoucissent la peine corporelle qu'infligent de rudes efforts musculaires. Elles font accomplir en totalité ou en partie, par des agents naturels d'une activité infatigable et d'une force presqu'illimitée, la tâche qu'accomplissait l'homme à la grande fatigue de ses bras et à la sueur de son front. Des exemples? mais ils abondent. Le métier de tourneur de meule était fort dur : le moulin à eau, à vent, à vapeur, a affranchi ces malheureux.

Les rameurs déployaient des efforts si rudes qu'on a fait de cette occupation prolongée le supplice des criminels. Un mécanisme plus perfectionné, la voile, a affranchi les rameurs, et la vapeur a complété cette œuvre à l'égard des mousses et des matelots dont la tâche est devenue beaucoup moins dure.

On a demandé par suite à l'ouvrier moins de labeur physique et plus d'intelligence. Adouci, le travail s'est, comme on l'a dit, spiritualisé; de manœuvre, l'ouvrier est fréquemment devenu simple surveillant.

Je sais qu'on a contesté ces beaux résultats et qu'on a soutenu que la machine avait créé une servitude de plus à l'ouvrier et l'avait écrasé de travail.

Accusation tantôt d'une exagération excessive, tantôt et le plus souvent absolument fausse! Les ouvriers en faisaient justice eux-mêmes, lorsqu'ils recherchaient le travail des manufactures comme moins pénible que celui de la vieille fabrication. Tout récemment, au moment où sévissait dans toute sa force la crise cotonnière, plusieurs manufacturiers en ont employé un certain nombre aux travaux des champs. Eh bien! tous préféraient le travail mécanique, malgré ses inconvénients, au travail rural avec ses intempéries, en plein air, à la pluie et au soleil. Félicitons-nous surtout de ceci : la manufacture s'est mise aujourd'hui infiniment plus qu'autrefois en règle avec l'hygiène. L'air y circule, la lumière y pénètre abondamment. Beaucoup de tâches extrêmement insalubres, se font aujourd'hui mécaniquement. Ces ouvriers nommés *macteurs* qui passaient la laine entre leurs dents pour en arracher les nœuds, les plaindrez-vous d'avoir été dépossédés d'une telle besogne par l'emploi de la mécanique? Et ces malheureux qui travaillent des mains et des pieds pour pétrir notre pain et que, par une désignation trop justement expressive, on appelle *geindres*, regrettez-vous de les voir disparaître devant le pétrin mécanique qui prépare quatre cents kilogrammes de pâte en une demi-heure? Heureuse suppression de main-d'œuvre que celle-là, vous l'avouerez!

Messieurs, le métier dit *à la Jacquard* a justifié, de la manière la plus prompte, le triple éloge que je viens de faire des machines.

Premièrement il a eu des résultats remarquables quant à l'abondance et au meilleur marché des tissus de soie par une économie évaluée à la moitié sur les prix de revient. Avec ce métier élégant et commode, occupant moins de place que l'ancien métier, plus facile à mouvoir, d'une régularité qui assure le bon accomplissement de l'ouvrage, on a obtenu des tissus moins chers et des dessins bien plus parfaits et bien plus variés. Le perfectionnement le plus sensible s'est uni à la baisse des prix la plus réelle. L'usage de la soie a pu se généraliser davantage. La femme de l'ouvrier elle-même, pour peu qu'il ait quelque aisance, n'en est plus entièrement privée aujourd'hui. Avantage plus précieux encore : le même effet s'est fait sentir sur les autres tissus plus indispensables et plus populaires, le coton et la laine. Leur prix a baissé, et leur quantité accrue satisfait aujourd'hui chez un nombre d'hommes beaucoup plus grand à ce besoin de protection contre les intempéries, à ce besoin aussi d'un vêtement propre et décent, que nous avons qualifié de révolution morale.

Secondement, le métier à la Jacquard a ouvert dans la même industrie du tissage, et par la même raison que la consommation a augmenté, une carrière beaucoup plus étendue au travail. Jacquard restaura la fabrique de la soie dans cette ville de Lyon, qui en est la patrie, et il contribua à faire de sa cité natale la seconde ville de la France ou du moins à la maintenir à ce haut rang. Mais l'invention, Messieurs, est cosmopolite. Si l'inventeur doit préférer son pays, l'invention ne connaît pas les frontières; elle va partout où il y a une industrie à fonder, à développer, une population à nourrir ou à enrichir. Ce n'est pas seulement à Lyon, c'est à Rouen, à Saint-Quentin, à Elbeuf, à Sedan, à Manchester, à Berlin, à Moscou, à Pétersbourg, en Amérique, dans l'Inde, en Chine même, que le travail reconnaissant doit des actions de grâces à Jacquard.

Enfin, le *métier à la Jacquard* a achevé de réaliser le programme des services rendus par les machines; il a adouci, en effet, les conditions du travail, et il l'a dépouillé de son caractère funeste à la santé de ceux et de celles qui s'y livrent pendant de longues heures. Rien n'était triste comme la condition de ces tireuses de cordes dont le travail, très-dur en lui-même, conduisait souvent à un état d'hébêtement voisin de l'idiotisme. Dignes de pitié, impropres à toute autre occupation, ces malheureuses étaient les parias de la fabrique. Le mécanisme de Jacquard, qui réduit la tâche de l'ouvrier à un simple mouvement régulier, et qu'une continuité trop longue rend seule fatigant, a donc été un grand bienfait pour l'humanité.

Avais-je tort en commençant de dire que la leçon se dégage d'elle-même?

S'il en fallait une toutefois énoncée en termes explicites, je vous dirais : Respectez les machines et enseignez-en le respect! Hélas! on les a vues encore brisées en 1848.

Respectez les machines et enseignez-en le respect à ceux de vos frères qui se laisseraient aller contre elles à de mauvaises pensées!

Respectez les machines, car à quoi vous sert-il de les outrager, de les détruire, dans un quart d'heure d'égarement, pour qu'elles se redressent l'instant d'après sous nos yeux, non par la mauvaise volonté des entrepreneurs, mais parce qu'elles sont dans les nécessités de l'industrie qui veut réaliser des progrès, parce qu'un industriel qui s'en passerait serait distancé par les autres, et parce qu'une nation qui voudrait y renoncer, inférieure irrémédiablement aux nations rivales, serait forcée de renoncer au commerce d'exportation, ce qui serait à la fois la ruine du capital et du travail!

Respectez les machines parce qu'elles sont le seul moyen de domination de l'homme sur la matière, parce que l'homme est sans elles le plus désarmé, le plus dépourvu, le plus misérable des animaux, parce que par elles les ouvriers ont pu devenir libres et moins malheureux que dans le passé!

Les machines, une question, Messieurs, ce bienfait évident! Est-ce qu'il y a, sauf les moyens pratiques de parer aux difficultés de transition, une question des machines? Eh! Messieurs, tout n'est-il pas mécanisme? Mécanisme ce fier navire à hélices qui s'avance sur la mer. Mécanisme cette horloge ingénieuse qui marque les pas du temps et en enseigne à l'homme le bon emploi. Mécanisme cette boussole qui empêche le navigateur de s'égarer, et ce télescope qui va chercher les secrets des cieux, et ce télégraphe qui fait converser les esprits avec la rapidité de la pensée elle-même à travers les continents et les mers. Mécanisme cet arc et ces flèches, primitifs instruments de la chasse qui arment la main du sauvage. Mécanisme ce rouet qui, lui aussi, fit concurrence à un travail plus élémentaire encore, et que la machine à vapeur a presque partout détrôné. Mécanisme ce corps humain que la pensée anime, que la volonté dirige, et que meut une âme maîtresse, source inépuisable de tous les mouvements, qu'elle transmettra aux machines faites de bois et de fer, avec la raison qui leur sert de règle. Mécanisme enfin, cet univers où tout a été fait avec poids et mesure et qui marche obéissant aux ordres et sous la main du mécanicien infini!

Voilà ce que nous crie la raison elle-même, en dehors de l'expérience toute spéciale que fit Lyon en 1807. Ajoutons que, depuis quelques années, ces crises se sont adoucies; car une société, Messieurs, n'invente pas tous les jours ces deux grandes choses : la vapeur dans l'ordre matériel, la concurrence dans l'ordre social !

Qu'aurai-je à vous dire encore de notre grand mécanicien arrivé enfin au terme désiré ? Le bonheur n'a pas d'histoire. D'ailleurs, il en est un peu de l'inventeur qui a livré son secret et donné son produit, comme de l'arbre qui, doué naguère d'une fécondité exceptionnelle, une fois dépouillé par l'hiver, ne se distingue plus des arbres ses voisins. Jacquard n'inventa plus, il fut heureux.

Il se retira près de Lyon, dans une modeste maison de campagne, à Oullins, et cultiva son jardin. Ceux qui l'ont vu dans cette dernière période de sa vie racontent qu'il étalait, non sans quelque orgueil, sa croix de la Légion d'honneur sur sa poitrine. C'était pour cet homme simple et excellent l'image de la gloire. Il pouvait bien, au surplus, la montrer avec fierté cette croix d'honneur dont le vieux soldat aime à se parer, car il l'avait conquise, lui aussi, au prix de bien des efforts et de bien des luttes sur le champ de bataille, rempli de blessés et de morts, de l'invention industrielle! Ses médailles étaient apposées au mur de son petit salon ; c'étaient ses trophées à lui. Les étrangers le visitaient; on l'honorait, on l'admirait. Il jouissait naïvement de ces hommages universels, sans que sa bonté s'en laissât corrompre. Le succès qui pervertit les âmes médiocres n'a que de bons effets sur les âmes élevées. Or, chez Jacquard, si l'esprit était ordinaire en dehors de ses grandes facultés d'invention, vous avez vu combien l'âme était excellente. Il s'endormit à cette limite de l'âge avancé qui est presque la borne la plus reculée de la vie humaine. Sa tombe, ornée d'une glorieuse épitaphe, est placée, près de celle d'un autre homme de bien, écrivain célèbre au dernier siècle, l'académicien Thomas, qui vint là aussi achever une carrière vouée à un autre genre de travail. Peu de temps après, la statue de Jacquard était élevée sur une des places de Lyon. Frappant symbole, Messieurs, que cette statue! C'est la pensée, sous les traits de l'ouvrier, qui ouvre l'ère du travail intellectuel chez le travailleur manuel ! C'est l'invention, jusqu'alors presque toujours privilége des classes en qui résident la science et le capital, émanant du sein du peuple, qui n'est ni capitaliste, ni savant, mais qui peut cultiver, lui aussi, par la réflexion les facultés départies à tous !

Maintenant on me demandera peut-être en finissant si le métier qu'inventa Jacquard ne sera pas quelque jour remplacé par un procédé plus parfait encore, destinée ordinaire des découvertes industrielles, je répondrai que je n'en sais rien. On me demandera si ce nom même de Jacquard, aujourd'hui répandu dans les deux mondes, ne s'éteindra pas au bout d'un délai plus ou moins court dans l'oubli final, et je répondrai que je l'ignore et qu'il m'est indifférent de l'ignorer. Qu'importe l'oubli qu'on fait d'un homme s'il a été utile à son heure ? L'immortalité du nom n'est qu'une apparence : il n'y a de sérieux, Messieurs, que les vérités fécondes et les œuvres utiles que nous laissons après nous ; il n'y a de durable que le Dieu éternel qui a fait à l'homme le don de l'invention, pour qu'il pût secouer le joug de la misère matérielle, et s'élever à la pensée, à la science et à la vertu !

# NOTE

## SUR LE MÉTIER A LA JACQUARD

---

On trouve d'amples détails sur le métier à la Jacquard dans l'excellent éloge historique de Jacquard par M. le comte de Fortis, prononcé à Lyon en 1840. Nous nous contenterons de présenter ici un léger aperçu de ce métier.

Pour tisser les *façonnés*, c'est-à-dire les soieries d'un dessin compliqué (des fleurs par exemple), il faut monter le métier de manière à pouvoir à volonté faire mouvoir les fils de la chaîne, et les élever ou les abaisser ensemble, par groupes ou séparément. Cette élévation ou cet abaissement, au moment où l'ouvrier lance sa navette, fait passer la trame au-dessous ou au-dessus des fils de chaîne élevés ou abaissés, et par conséquent cache ou fait apparaître sur une longueur proportionnelle au nombre de fils élevés ou abaissés, la couleur du fil de trame. La succession des coups de navette produit une série de lignes de longueur inégales et de couleurs diverses que l'on peut comparer aux hachures horizontales de certaines gravures : de là le dessin. On tisse et on peint à la fois.

Pour obtenir ce résultat, il faut que chaque groupe de fils de chaîne ait son mécanisme particulier et puisse être mis en mouvement sans que les autres soient déplacés. Or, sur une chaîne qui compte trois ou quatre mille fils rangés parallèlement, il n'est pas rare que le nombre des groupes soit de trois ou quatre cents. Il faut donc trois ou quatre cents mécanismes particuliers.

Avant Jacquard, on employait pour les façonnés le métier à *la grande tire*. A chacun des groupes était fixée une corde ou *sample*. Les trois ou quatre cents samples passaient, à l'aide d'une poulie, derrière le métier où elles étaient fortement tendues, comme les cordes d'une harpe. A chaque sample était suspendu un cordon ou *lac* qu'une *tireuse de lacs* (femme ou enfant), placée derrière le métier et souvent sous le métier dans une position incommode, était chargée de tirer avec force. Elle avait devant elle la série de ces cordons comme un pianiste a son clavier, et chaque fois que l'ouvrier allait lancer sa navette, elle tirait le lac nécessaire pour agir sur certaine sample, l'abaisser et par conséquent faire monter certains fils de chaîne.

Déjà quelques perfectionnements avaient été apportés à cette machine compliquée. Jacquard s'en servit pour construire son métier. Aux samples il substitua des aiguilles en fil de fer qui furent toutes rassemblées dans un petit cadre placé au sommet du métier. Il les suspendit, sur plusieurs rangées, par de petits crochets à une pièce de fer, nommée *greffe*, et les munit d'une broche transversale. Les trois ou quatre cents broches présentèrent toutes leurs pointes rassemblées sur un même front comme la phalange macédonienne. En face, il plaça un rectangle, percé sur ses quatre faces d'autant de trous qu'il y avait de broches, chaque broche ayant exactement un trou qui lui correspondait.

L'ouvrier qui tisse, à chaque coup de navette, donne un coup de battant pour presser le fil de trame qu'il vient de passer contre les fils précédents.

Du mouvement nécessaire du battant Jacquard fit dépendre, par une transmission assez simple, deux autres mouvements.

1° Le mouvement du rectangle, qui, à chaque coup, fait un quart de révolution sur lui-même et vient en même temps frapper du côté des pointes des broches. Mais les broches s'enfonçant dans les trous correspondants n'auraient reçu aucune impulsion. Jacquard recouvrit le rectangle d'un carton mobile, ou plutôt d'une série de cartons (il y en a quelquefois plus de 40,000 et même plus de 80,000), qui, à chaque coup de navette, viennent se succéder sur le rectangle.

Chaque carton est percé d'un certain nombre de trous, la préparation des cartons, *lisage, mise en carte* était à lui seul un très-long travail préliminaire, ainsi que le montage du métier. Quand le rectangle vient frapper les broches, là où le carton a un trou, la broche s'enfonce et ne reçoit pas d'impulsion; là où le carton n'a pas de trou, la broche est violemment repoussée et déplace l'aiguille à laquelle elle communique; mais presque aussitôt, par le jeu d'un petit ressort elle reprend sa position première.

2° Jacquard fit dépendre du mouvement du battant celui de la greffe qui, à chaque coup de navette, monte et descend. Quand elle est au sommet de sa course, emportant avec elle toutes les aiguilles suspendues par leur crochet, le choc du rectangle décroche toutes les aiguilles dont les broches ont été frappées. Celles-ci, entraînées par des contre-poids de plomb qui sont sous le métier, tombent et par conséquent abaissent les groupes de fils de chaîne qui y sont attachés.

Quand la greffe redescend et est arrivée au

bas de sa course, elle retrouve les aiguilles tombées que le ressort pousse vers elle, les accroche de nouveau et remonte avec elles, relevant ainsi les fils de chaîne quand l'effet est produit.

Et ainsi de suite.

Le métier Jacquard simplifie donc le travail en supprimant la tireuse de lacs, et lui donne une précision mécanique qu'il n'avait pas.

Le métier à la Jacquard donne des produits plus perfectionnés que ceux qu'on obtenait, parce qu'il rend, quand une fois le métier est monté, les fautes presque impossibles, et parce qu'il permet des combinaisons infiniment plus variées. On peut multiplier pour ainsi dire à l'infini les petites aiguilles; on ne pouvait multiplier les samples, à cause de leur volume, et des erreurs que la tireuse était d'autant plus exposée à faire qu'elle avait plus de lacs à gouverner.

FIN

**Thévenin** (Év.) *Cours d'économie industrielle :* 1re série. *Qu'est-ce que l'économie industrielle,* par M. J. Garnier ; — *Du Capital,* par M. Baudrillart ; — *Des Machines,* par M. Horn. 1 vol.

—— 2e série. *Du Travail et du Salaire,* par M. Batbie ; — *Les Corporations et la Liberté du travail,* par M. Levasseur. 1 vol.

—— 3e série. *De la Société coopérative,* par M. J. Duval ; — *De l'Échange et de la Monnaie,* par M. Wolowski. 1 vol. (Sous presse).

—— 4e série. *De l'Intérêt et de l'Usure,* par M. Courcelle-Seneuil ; — *Du Crédit,* par M. Coq ; —*De la Liberté commerciale,* par M. F. Passy. 1 v. (Sous presse.)

Chaque serie se vend séparément.

—— *Entretiens populaires :* 6e série, 1re partie : *De la Houille et du Fer en France,* par M. Burat ; — *De l'Impôt,* par M. Batbie ; — *De la Civilisation,* par M. Charles Duveyrier. 1 vol.

—— 6e série, 2e partie : *De la Monnaie et de son rôle dans le développement économique des sociétés,* par M. Fr. Passy ; — *Des Principes du droit naturel et de ses rapports avec la famille,* par M. Franck ; — *De l'Utilité des études scientifiques pour les ouvriers,* par M. Martelet. 1 vol.

Chaque volume se vend separément.

**Véron** (Eugène) *les Associations ouvrières* en Allemagne, en Angleterre et en France. 1 vol.

---

## OUVRAGES EN PRÉPARATION

**Calemard de la Fayette** (Charles) : *L'Agriculture progressive.* 1 vol

**Duval** (Jules) : *Notre Pays.* 1 vol.

**Ernouf** (baron) : *Jacquard ; — Philippe de Girard.* 1 vol.

**Ernouf** (baron) : *Histoire de trois ouvriers français.* 1 vol.

**Gœthe** : *Chefs-d'œuvre.*

**Guillemin** (Am.) *Le Soleil.* 1 vol.

**Schiller** : *Chefs-d'œuvre.*

**Virgile** : *Les Beautés de l'Enéide.* 1 vol.

Made in the USA
Monee, IL
04 November 2026

67388652R10044